INSTRUMENTS DE PRÉCISION

APPLIQUÉS

A L'ARCHÉOLOGIE

PRINCIPALES PUBLICATIONS DE M. CHARLES HENRY

Sur l'origine de la convention dite de Descartes. 1878.
Sur une première rédaction du *Traité de la Connaissance de Dieu et de soi-même*, de Bossuet. 1878.
Sur l'origine de quelques notations mathématiques. 1879.
Opusculum de multiplicatione et divisione sexagesimalibus Diophanto vel Pappo attribuendum. 1879.
Sur des valeurs approchées de $\sqrt{2}$ et de $\sqrt{3}$. 1879.
Un Érudit, homme du monde, homme d'église, homme de cour. Lettres inédites à Huet. 1879.
Huygens et Roberval. Documents nouveaux. 1880.
Recherches sur les manuscrits de Fermat. 1879-1880.
Sur divers points de la Théorie des nombres. 1880.
Mémoires inédits de Ch.-Nic. Cochin. 1880.
Galilée, Torricelli, Cavalieri, Castelli. Documents nouveaux. 1880.
Sur un procédé de division rapide. 1881.
Étude sur le Triangle harmonique. 1882.
Supplément à la Bibliographie de Gergonne. 1882.
Notice sur un manuscrit inédit de Mydorge. 1882.
Mémoires de Calcul intégral de Joachim Gomes de Souza, publiés avec additions et notices. 1882.
Les deux plus anciens Traités français d'Algorisme et de Géométrie, publiés pour la première fois. 1882.
Correspondance inédite de Condorcet et de Turgot. 1883.
Les connaissances mathématiques de Casanova de Seingalt. 1883.
Jacques Casanova de Seingalt et la critique historique. *Revue historique*. Novembre-décembre 1889.
Problèmes de Géométrie pratique de Mydorge. 1884.
Sur les méthodes d'approximation pour les équations différentielles, mémoire inédit de Condorcet. 1884.
L'Encaustique et les autres procédés de peinture chez les anciens. 1884. (En société avec M. Henry Cros.)
Les Manuscrits de Léonard de Vinci : A et B de l'Institut. 1885.
Pierre de Carcavy. 1885.
Introduction à une Esthétique scientifique. 1885.
Loi d'évolution de la sensation musicale. 1886.
Lettres inédites de Mademoiselle de Lespinasse à Condorcet, à d'Alembert, etc. publiées avec une étude. 1886.
Œuvres et correspondances inédites de d'Alembert. 1887.
Correspondance inédite de d'Alembert avec Cramer, Lesage, Clairaut, Turgot, Castillon, Béguelin, etc. 1887.
Voltaire et le cardinal Quirini. Documents nouveaux. 1887.
Introduction à la Chymie. Manuscrit inédit de Denis Diderot. 1887.
Vie d'Antoine Watteau, d'après l'autographe de Caylus. 1887.
Les voyages de Balthasar de Monconys. 1887.
Théorie de Rameau sur la musique. 1887.
Wronski et l'Esthétique musicale. 1887.
Lettres inédites d'Euler à d'Alembert. 1887.
Lettres inédites de Lagrange, 1887.
Lettres inédites de Laplace, avec notice sur les manuscrits de Pingré. 1887.
Lettre à Monsieur le Prince D. Balthasar Boncompagni sur divers points d'histoire des mathématiques. 1888.
Le Contraste, le Rythme et la Mesure. *Revue philosophique*. Octobre 1889.

ANGERS, IMP. BURDIN ET Cie, RUE GARNIER, 4.

APPLICATION

DE

NOUVEAUX INSTRUMENTS DE PRÉCISION

(CERCLE CHROMATIQUE,
RAPPORTEUR ET TRIPLE DÉCIMÈTRE ESTHÉTIQUES)

A L'ARCHÉOLOGIE

PAR

M. CHARLES HENRY

Extrait de la *Revue Archéologique*.

PARIS
ERNEST LEROUX, ÉDITEUR
28, RUE BONAPARTE, 28

1890

A
B

APPLICATION

DE NOUVEAUX INSTRUMENTS DE PRÉCISION

A L'ARCHÉOLOGIE

EN PARTICULIER A L'ÉTUDE MORPHOLOGIQUE DE TROIS TYPES D'AMPHORES DANS L'ANTIQUITÉ

L'état psycho-physiologique des anciens, des Grecs en particulier, était-il sensiblement différent du nôtre? Ce sera le mérite de l'érudition contemporaine d'avoir posé dans quelques cas ce problème fondamental d'une science de l'avenir, la psychologie historique.

La musique grecque, telle qu'elle nous est connue maintenant, nous présente dans la multiplicité de ses modes, dans sa richesse mélodique, dans sa pauvreté harmonique, dans l'*éthos* ou caractère qu'elle attribue à certaines combinaisons esthétiques, des indices d'évolution incontestable; mais on ne pouvait interpréter ces documents en l'absence de points de repère normaux, dans l'ignorance des fonctions subjectives qui expliquent nos gammes, nos modes, nos accords. Il y a quatre ans, dans une étude intitulée : *Loi d'évolution de la sensation musicale*[1], j'essayais d'interpréter l'association que les Grecs ont, contrairement à nous, établie entre le haut et les sons graves, entre le bas et les sons aigus. La remarque objective qu'un corps sonore en s'éloignant rend un son de plus en plus grave, tandis qu'en se rapprochant il rend un son de plus en plus aigu, semble avoir été l'origine de l'association d'idées des Grecs : en effet, pour être visible à l'œil situé dans la ligne d'horizon, un objet éloigné doit être plus haut sur le plan perspectif qu'un objet rapproché :

1. *Revue philosophique*, juillet 1886.

de là, l'association d'une idée de direction en bas ou en haut avec le rapprochement plus ou moins grand du corps sonore et l'acuité ou la gravité des sons émis. Au contraire, notre association des sons aigus avec le haut, des sons graves avec le bas, vient de la suggestion essentiellement subjective, par laquelle une catégorie d'excitations plus ou moins intenses est évoquée par une catégorie très différente d'excitations qui sont de même plus ou moins intenses. La vision des directions de bas en haut étant, d'après des expériences récentes, plus capable d'accroître le travail physiologique que la vision des directions de haut en bas, de même que l'audition des sons aigus est plus capable que l'audition des sons graves d'accroître, dans de certaines limites et pour les sujets normaux, le même travail, on conçoit que les sons aigus suggèrent la direction de bas en haut, de même que les sons graves suggèrent la direction de haut en bas; on pourrait citer un grand nombre de qualificatifs, indices du même travail psychologique. Par ces remarques, j'ai été conduit à énoncer cette loi : « La sensation auditive a évolué d'un caractère plus objectif vers un caractère plus subjectif. » Il reste à poursuivre maintenant dans la musique grecque la vérification de cette formule. Il sera facile, avec les procédés mathématiques d'analyse mélodique et harmonique que j'ai exposés dans un travail récent[1], de rapporter à des nombres les combinaisons esthétiques anciennes et d'interpréter les expressions morales attribuées par les textes aux différents modes.

M. Gladstone a émis l'idée et M. Hugo Magnus a soutenu la thèse qu'il y a eu évolution dans la perception des différences chromatiques et que les contemporains d'Homère ne percevaient pas les couleurs les plus réfrangibles, le vert, le bleu, le violet. Cette imperfection était-elle physiologique et faut-il y voir une généralisation de cette dyschromatopsie que présente notre

1. *Éléments d'une théorie générale de la dynamogénie, autrement dit du contraste, du rythme et de la mesure avec applications spéciales aux sensations visuelle et auditive* publiés en tête du *Cercle chromatique*. Paris, Ch. Verdin, 1889; gr. in-folio.

rétine sur sa périphérie? Était-elle psychologique et doit-on la rapporter à un défaut d'analyse qui s'expliquerait par une vision mentale plus objective et une élaboration moins raffinée de la sensation? La remarque suivante paraît militer en faveur d'une évolution plutôt psychologique que physiologique. Lorsque nous voulons fixer avec plus ou moins d'attention un objet, nous faisons plus ou moins inconsciemment converger les axes visuels pour que l'image de l'objet se fixe sur la tache jaune. Or il est bien remarquable que sur certaines peintures de Pompéi et sur un grand nombre de statues antiques, on remarque une légère divergence des axes visuels qui influe sans aucun doute sur l'*air fatal* des physionomies et qui serait l'expression d'un état mental plus objectif que le nôtre, moins conscient et volontaire, bien précisément caractéristique d'êtres peu expérimentateurs et ignorants des minuties de la technique industrielle moderne. Je dois à l'obligeance de M. Ch. Ravaisson-Mollien des moulages de plusieurs yeux de statues du Louvre et j'espère pouvoir bientôt présenter un tableau de *coefficients de divergence* dans une statistique générale qui, pour être convaincante, doit être aussi complète que possible.

Une conséquence bien vérifiée chez les Grecs de cet état plus objectif de la pensée, est un souci tout spécial de ces phénomènes connus sous le nom d'*illusions d'optique*. Des natures plus subjectives comme les nôtres tendent inconsciemment à corriger par des mouvements des yeux et de la tête ces erreurs parfois très graves au point de vue des conséquences pratiques et réalisent ainsi cette géométrie abstraite que les âmes artistes déplorent tant dans notre architecture et dans notre art industriel. Au contraire, pour des natures objectives il ne s'agit pas de faire des lignes ou des angles dans des rapports géométriques vrais, mais dans les rapports géométriques apparents pour une certaine situation de l'œil, plus ou moins fixe et plus ou moins définie. Penrose a longuement insisté sur les corrections que les architectes du Parthénon ont fait subir, à ce point de vue, à la rectitude des colonnes et des murailles. Ce sujet mériterait d'être repris en détail. C'est ainsi que le développement subjectif de la pensée a produit finalement cette distinction essentielle de l'apparent et du réel, dont les natures primitives, purement objectives, sont incapables. Cette remarque précise bien dans quel sens sont pris en ces pages les termes « objectif » et « subjectif ».

Un autre fait qui indique un état physiologique différent du nôtre est l'existence de l'éphèbe, de ce type féminin de beauté virile, dont l'art et la vie antiques présentent tant d'incarnations déconcertantes. Les explorations dynamométriques ont établi qu'il y a, en général, moins de différence chez la femme que chez l'homme droitier, entre la force des membres supérieur et inférieur droits d'une part et la force des membres supérieur et inférieur gauches d'autre part; pour obtenir le maximum d'effort, l'homme tendra donc plus que la femme à exercer sa droite. Nous savons d'ailleurs que plus un système de muscles est exercé, plus il se développe *jusqu'à une certaine limite;* la dissymétrie des deux côtés du corps sera donc en général plus grande chez l'homme que chez la femme, et c'est sans doute dans une dissymétrie moins accusée, liée à cette *acuité* des *rythmes* qui sera définie plus loin, qu'il faut chercher un des éléments de ce qu'on appelle la beauté féminine. Si à une certaine période l'éphèbe a pu s'épanouir si parfaitement dans l'art, ne faut-il pas voir chez l'homme de cet âge l'indice d'un état de forces moins dissymétrique, causant une symétrie presque féminine des formes ? La persistance relativement grande dans les écritures cadméennes, de la direction phénicienne de droite à gauche, n'est-elle pas une autre preuve d'une indifférence entre la droite et la gauche ?

Quoi qu'il en soit de ces remarques et de la loi d'évolution qu'elles impliquent, il n'existe qu'une méthode pour savoir en quoi des sensations comme la sensation de couleur et la sensation de forme ont évolué, c'est de comparer rigoureusement, *au point de vue esthétique*, les formes et les polychromies des divers âges. On ne pouvait le faire sans instruments de précision capables de noter exactement à ce point de vue ces documents et de réaliser suivant des lois qu'on puisse considérer comme normales des harmonies de formes et de couleurs. C'est l'objet que j'ai poursuivi par mon *Cercle chromatique*, par mon *Rapporteur* et mon *Triple décimètre esthétiques*. Je désirerais présenter, sans aucun détail théorique, ces instruments aux archéologues, puis montrer comment on peut appliquer le Rapporteur et le Triple décimètre à l'étude morphologique de trois types bien connus de fabrication des amphores dans l'antiquité.

I

Le *Cercle chromatique*[1] offre une déformation du spectre à partir du rouge C, figuré sur le rayon vertical supérieur, jusqu'au violet G, figuré à 40°54'36" à gauche de cette verticale. L'intervalle compris entre ce violet et le rouge est occupé par des dégradations du pourpre, qui ne se trouve pas dans le spectre. La couleur, sur chaque rayon, est dégradée du blanc au noir à partir du centre, et, sur chaque arc, de sa propre teinte à la teinte la plus voisine. Tous les points situés sur la moitié du rayon reproduisent une couleur spectrale et chacun des points distants de 45 degrés exprime, par rapport au précédent, le nombre 1,052, qui, dans la théorie de l'éther, marque des vibrations ou des inverses de longueurs d'onde et correspond à l'intervalle musical d'un demi-ton.

On appelle *complémentaires* deux lumières colorées dont le mélange donne la sensation de blanc. Les rapports des longueurs d'onde des couples de couleurs complémentaires varient suivant les couleurs et dans de certaines limites suivant les sujets. C'est un des objets de la théorie du *Contraste* exposée en tête du Cercle chromatique, de déduire théoriquement ces nombres. Un écran, découpé par des fenêtres aux intervalles convenables, peut présenter les principaux couples de couleurs complémentaires.

1. *Cercle chromatique présentant tous les compléments et toutes les harmonies de couleurs, avec une introduction sur la théorie générale de la dynamogénie*, etc. Paris, Ch. Verdin, 1889, in-folio.

J'appelle *harmonie de couleurs* toute juxtaposition de teintes (longueurs d'onde) ou de tons (degrés de saturation d'une même teinte) dont la vision correspond à un accroissement du travail physiologique dans l'unité de temps, qui en un mot est *dynamogène* et en conséquence agréable pour les sujets normaux, ayant de la force à dépenser; cette juxtaposition serait au contraire désagréable pour les sujets fatigués ou malades, capables de la percevoir; on sait que, par un instinct conservateur, tous les animaux malades ou fatigués évitent les excitations vives, comme la lumière, le bruit, et recherchent en général les excitations reposantes ou, pour parler comme un savant physiologiste, M. Brown-Séquard, *inhibitoires*. Toute excitation agréable, trop longtemps continuée, devient désagréable; de même, toute excitation dynamogène, continuée trop longtemps, devient inhibitoire. La préférence pour telles combinaisons de lignes et de couleurs, en général pour telle catégorie dynamogène ou inhibitoire d'excitants, est donc un indice sûr de l'état des forces d'un sujet. Appliquée à l'étude des formes et des polychromies anciennes, cette méthode doit être non moins féconde.

Sont harmoniques les juxtapositions de teintes distantes sur le Cercle chromatique d'une section de la circonférence exprimée par l'inverse d'une puissance de 2, comme $\frac{1}{4}$, $\frac{1}{8}$, par l'inverse d'un nombre premier égal à la somme d'une puissance de 2 et de l'unité, comme, $\frac{1}{3}$, $\frac{\ }{5}$, $\frac{1}{17}$, etc., par l'inverse du produit d'un ou de plusieurs nombres de ces formes, comme $\frac{1}{10}$, $\frac{1}{15}$, etc. De même, sont harmoniques les juxtapositions avec le blanc de tons dont les distances sur le rayon sont exprimées par des nombres de ces formes, nombres que j'appelle *rythmiques*.

Pour noter l'écart de deux teintes (non complémentaires), on cherche d'abord sur le Cercle chromatique la teinte située à gauche (horizontalement, vers le haut ou vers le bas) ou la teinte située en bas dans la polychromie et on estime avec le Rapporteur l'angle plus petit que la demi-circonférence qui sépare cette teinte de celle située à droite ou en haut ; s'il est compté dans le sens de droite à gauche en haut sur le Cercle chromatique, on lui assigne le signe + ; s'il est compté dans le sens de gauche à droite, on lui assigne le signe — .

Si ces teintes sont à des tons différents, suivant que le ton du pigment compté en second lieu, ainsi qu'il vient d'être expliqué, est, par rapport au ton du premier, centrifuge ou centripète sur le Cercle, on assigne au nombre qui exprime la distance de ce second ton sur le rayon le signe + ou le signe —. Le ton de la première teinte est toujours positif.

Pour que les couleurs soient harmoniques, la différence entre le nombre qui marque l'écart et cette somme ou différence de tons doit être rythmique.

Le Cercle chromatique ne présente que des couleurs simples. S'il s'agit d'assortir deux couleurs provenant de mélanges, on remplace chaque teinte complexe par la couleur simple qui s'en rapproche le plus ; l'angle de ces deux couleurs doit être rythmique : rythmiques aussi le degré de saturation de chacune et la différence de l'écart des teintes et des tons. Il faut en outre comparer entre elles les couleurs composantes de chaque teinte complexe : elles doivent former des angles rythmiques et présenter des degrés de saturation rythmiques. Si l'on ne connaît pas les teintes composantes d'une teinte complexe, on les recherche empiriquement : on peut toutefois s'aider des résultats connus de mélanges dans chaque ordre de pigments.

On vérifie facilement ces règles sur le Cercle chromatique pour les angles relativement grands, au moyen de petites fentes découpées sur des écrans à des distances convenables. Si l'on compare les teintes de saturation égale (situées sur une même circonférence) qui diffèrent de $\frac{1}{7}$, de $\frac{1}{9}$, de $\frac{1}{11}$, de $\frac{1}{13}$, de $\frac{1}{14}$, de $\frac{1}{18}$, de $\frac{1}{19}$ de circonférence avec celles qui diffèrent de $\frac{1}{5}$, de $\frac{1}{6}$, de $\frac{1}{8}$, de $\frac{1}{10}$, de $\frac{1}{12}$, de $\frac{1}{15}$, de $\frac{1}{16}$, de $\frac{1}{17}$, on préfère celles-ci aux premières. La vérification de la règle pour les tons et pour les teintes à des degrés de saturation quelconque n'est pas moins convaincante.

L'influence de la vision des harmonies ou des désharmonies de couleurs sur le travail physiologique (battements du pouls, travail musculaire, etc.), est assez délicate à démontrer à cause du grand nombre des causes perturbatrices qui coexistent avec les excitations étudiées ; des recherches dans ce sens avec toutes les ressources de la technique physiologique sont en cours d'exécution.

Ces règles permettent d'étudier et d'interpréter un morceau quelconque de polychromie.

S'il s'agit d'une simple bande de couleurs couvrant des étendues égales, dans une seule direction, on les analyse en commençant par la gauche ou par le bas ; on note chaque couple de teintes par leur écart sur le cercle chromatique et chaque ton par sa distance sur le rayon.

Si les surfaces colorées sont inégales, on mesure chacune de ces surfaces d'une manière aussi approchée que possible par les méthodes connues ; on prend comme unité le plus grand commun diviseur des aires mesurées ou, à son défaut, celui qui entraîne les rapports les moins complexes ; chaque surface et les sommes successives de ces surfaces doivent être exprimées par des nombres rythmiques.

Si les couleurs sont rangées sur des étendues quelconques dans un contour fermé qui ne se coupe en aucun point, on cherche le centre de la figure, c'est-à-dire du plus petit cercle circonscriptible par les constructions connues, ou plus rapidement parfois par tâtonnement. On fait passer par ce centre une horizontale et on élève sur cette ligne une perpendiculaire, laquelle ou coupe une surface colorée ou passe entre deux surfaces colorées; dans le premier cas, on commence par la surface colorée, qui est traversée par la perpendiculaire; dans le second cas, on commence par la surface située à gauche de la perpendiculaire : puis on opère comme dans le cas d'une bande, en procédant de droite à gauche, vers le bas (en sens inverse des aiguilles d'une montre).

Si les couleurs sont rangées sur des étendues quelconques dans une disposition quelconque, après avoir cherché comme dans le cas précédent, le centre de la figure, on analyse les différents contours, en prenant successivement les teintes, les tons et les surfaces, de bas en haut à partir du centre, et de gauche à droite vers le bas dans le sens centrifuge. A cause de l'influence de la surface, il faut également considérer les couleurs dans le sens cyclique, c'est-à-dire les disposer sur une spirale de rayon croissant, à commencer par la première située au centre, à continuer par celle située à gauche en haut, etc., jusqu'à la notation complète de la polychromie. Pour que la polychromie soit normalement satisfaisante, il faut que les teintes, les tons et les surfaces, les sommes algébriques de ces nombres, les différences entre les nombres marquant les teintes et les nombres marquant les tons, en même temps que les sommes des surfaces, les teintes et les tons étant comptés d'abord dans le sens centrifuge, puis dans le sens cyclique, soient des nombres rythmiques. Les doubles exigences du rythme dans le sens centrifuge et dans le sens cyclique sont assez difficiles à satisfaire simultanément; dans la pratique, une solution approchée suffit le plus souvent.

Je définirai, à propos des formes, quelques nombres appelés *indicateurs* qui permettent d'analyser et de comparer minutieusement des formes différentes et qui s'appliquent également aux polychromies. Il est deux nombres spéciaux à la polychromie, que je dois signaler.

Le Cercle chromatique, tel qu'il est constitué, présente une association des couleurs avec certaines directions, du rouge de la raie C avec la direction de bas en haut, d'un jaune situé aux $\frac{5}{39}$ de D vers E avec la direction de gauche à droite, d'un bleu vert situé aux $\frac{10}{49}$ de E vers F avec la direction de haut en bas, d'un bleu situé aux $\frac{5}{11}$ de F vers G, avec la direction de droite à gauche et des teintes intermédiaires avec les couleurs intermédiaires. Il a pour objet de restituer, conformément aux exigences de la fonction de contraste, notre représentation subjective des pigments, et, dans une certaine mesure non précisée, il dispose les couleurs dans l'ordre des travaux physiologiques correspondants à leur sensation. Ce serait l'objet d'un second cercle chromatique, que l'on pourrait appeler *Cercle æsthésiométrique des couleurs* par opposition au premier qui est un *Cercle de contraste,* de représenter par des écarts proportionnels les différents rapports entre les dynamogénies des couleurs. C'est un fait que les émotions les plus intenses tendent à s'exprimer par les mouvements qui produisent le maximum de travail dans un temps minimum : intensité et acuité du cri, déplacement du corps, etc. D'une part, la vision du rouge détermine une émotion plus intense que celle du jaune, la vision du jaune une émotion plus intense que celle du vert, etc., comme on peut s'en convaincre en enregistrant au dynamomètre l'effort maximum dont sont capables des sujets sensibles sous l'influence de la vision des couleurs; dans un travail ultérieur de la pensée, si l'esprit a moins en vue les situations habituelles ou actuelles de l'excitation colorée que la notation subjective de la couleur et le travail physiologique correspondant, il tendra à exprimer ces diverses émotions plus ou moins intenses par des gestes qui jalonnent le sens de sa représentation et qui déterminent eux-mêmes des émotions plus ou moins intenses, l'émotion la plus intense par le geste déterminant l'émotion la plus intense, etc., car, sous l'influence d'un état psycho-physiologique, il y a, ainsi que je l'ai rappelé au début de ce travail, suggestion de tous les états analogues. Mais d'autre part, on sait par des expériences, que les directions en haut et à droite vues ou réalisées par le bras, accroissent le pouvoir musculaire plus que les directions en bas et à gauche. Selon qu'il y a suggestion plus ou moins consciente, les couleurs seront donc exprimées, ainsi qu'elles le sont sur les Cercles chromatiques, et seront disposées en conséquence dans la polychromie. Selon que le sujet aura en vue la *notation* ou la *mesure* de sa sensation, il assignera à la couleur la direction du cercle de contraste ou la direction du cercle æsthésiométrique. Toute disposition différente impliquera chez l'artiste un état mental plus objectif et en même temps plus complexe, puisque l'expression dans les sens normaux ne manque jamais de se réaliser plus ou moins inconsciemment. On peut donc considérer comme des *indicateurs d'objectivité* les écarts des directions normales et de la direction adoptée par la polychromie, mesurés par le plus court chemin sur les Cercles chromatiques et affectés du signe + ou du signe —, suivant que les angles considérés sont comptés dans le sens des Cercles chromatiques, de droite à gauche vers le bas (en sens inverse des aiguilles d'une montre) ou en sens contraire. On conviendra d'appeler *primaire*, l'écart compté sur le Cercle chromatique de contraste et *secondaire* l'écart compté sur le Cercle æsthésiométrique.

L'étude des monuments de la polychromie ancienne, à ce point de vue, pourra fournir des résultats intéressants; mais il faut recourir aux monuments eux-mêmes et non aux planches plus ou moins infidèles qui prétendent les reproduire. En l'absence de document nouveau, que je puisse étudier à loisir, je ne présente aucune application du Cercle chromatique à la polychromie ancienne. L'usage de cet instrument ne présente d'ailleurs aucune difficulté ; en attendant une photographie des couleurs rapide et exacte, il me paraît devoir être de grande utilité pour la notation précise de la couleur des monuments, à l'instant de leur découverte.

II

Le *Rapporteur esthétique*[1] diffère des rapporteurs ordinaires en ce qu'au lieu d'évaluer les angles au moyen d'une division arbitraire de la circonférence, le degré, il présente immédiate-

1. *Rapporteur esthétique. Notice sur ses applications à l'art industriel, à l'histoire de l'art, à l'interprétation de la méthode graphique, en général à l'étude et à la rectification esthétiques de toutes formes.* Paris, G. Séguin, constructeur, 1889, pet. in-folio.

ment et exactement les sections naturelles de la circonférence les plus simples et les plus utiles, le $\frac{1}{3}$, le $\frac{1}{4}$, le $\frac{1}{5}$, ..., le $\frac{1}{31}$, et indirectement toutes les autres sections. Le *Triple décimètre esthétique* indique par des traits longs les nombres rythmiques dans les limites 1-1200. Ces deux instruments permettent d'analyser et d'améliorer toute forme au point de vue esthétique, car une courbe peut toujours se ramener à un contour polygonal. Il y a sans doute dans cette réduction une erreur qui s'accroîtrait, si l'épaisseur du trait n'était pas constante, si l'observateur ne menait pas la tangente *toujours* au bord intérieur du trait, si son acuité visuelle était soumise à de grandes perturbations. Mais je puis prouver que ces erreurs sont notablement inférieures aux erreurs de la vision, soumise aux influences du contraste. A cette fin, j'ai dû préciser les erreurs normales d'appréciation des lignes et des angles suivant leurs diverses situations.

De même que dans l'analyse des couleurs, il faut distinguer trois cas dans l'analyse, moins complexe d'ailleurs, des formes :

1° Pour analyser une ligne brisée dans une seule direction, soit de gauche à droite, soit de bas en haut, on mesure les droites en choisissant pour unité la plus grande longueur commune ou, à son défaut, celle dont le choix entraîne les rapports les moins complexes et on évalue les angles. Suivant que l'angle considéré est à droite ou à gauche du dernier trait prolongé, le dénominateur de la section de circonférence indiquée par le Rapporteur s'ajoute ou se retranche. Chacun de ces nombres, la somme algébrique des angles, la somme algébrique des droites, la différence entre la somme algébrique des angles et la somme algébrique des droites doivent être rythmiques.

2° Si la figure est un contour polygonal, qui ne se coupe en aucun point, on cherche le centre de la figure, on fait passer par ce centre une horizontale et on élève sur cette ligne, en ce point, une perpendiculaire qui coupe la figure en un point à partir duquel on commence l'analyse du contour, si ce point coïncide avec l'origine d'une droite. Si, au contraire, ce point tombe sur la droite, on reporte l'analyse du contour sur l'origine de cette droite, et on note, à partir de ce point, la première ligne et le premier angle obtenu par le prolongement de la dernière ligne. On continue comme dans le premier cas.

3° Si la figure est un ensemble de contours polygonaux qui ne se coupent en aucun point, on cherche le centre de la figure totale; on analyse le contour dans l'intérieur duquel tombe ce centre, et l'on continue ainsi pour les différents contours en les prenant successivement de bas en haut et de droite à gauche à partir du haut. Le nombre qui exprime chaque contour et la somme algébrique des nombres de tous les contours, doivent être rythmiques.

On trouve, à la suite de la notice sur le Rapporteur esthétique et dans un ouvrage actuellement sous presse, que je vais publier avec la collaboration de M. P. Signac : l'*Éducation du sens des formes,* nombre de planches démonstratives de ces règles.

Dans le cas d'objets très petits ou de courbures très grandes des objets, il importe de compléter ces règles par quelques précautions nouvelles, sur lesquelles j'insiste dans l'introduction de cet ouvrage, mais qui peuvent être négligées sans inconvénient notable dans les études qui n'exigent pas une précision absolue: telles sont les analyses qui s'imposent d'abord à l'archéologie.

Souvent une figure n'est que partiellement rythmique ou non rythmique : il est donc utile de définir des nombres qui expriment ce degré. J'appelle *indicateur de l'écart* la moyenne arithmétique des différences du nombre qui exprime la forme avec les nombres rythmiques les plus rapprochés, entre lesquels il est compris : par exemple, si un contour est exprimé finalement par le nombre 23, l'indicateur de l'écart est 2, moyenne des différences qui séparent 23 de 20 et de 24, les nombres rythmiques entre lesquels est compris 23. J'appelle *indicateur de dynamogénie*, le rapport du nombre des nombres rythmiques au total des nombres : *indicateur d'inhibition*, le rapport du nombre des nombres non rythmiques au total des nombres. Si, par exemple, sur 8 nombres il y en a 5 rythmiques et 3 non rythmiques, l'indicateur de dynamogénie est $\frac{5}{8} = 0,625$, l'indicateur d'inhibition

$\frac{3}{8} = 0,375$. Quand il s'agit de déterminer ces indicateurs pour un contour, on tient compte non seulement des nombres indiquant les angles et les droites, mais aussi des sommes algébriques de ces nombres, des différences de ces sommes et de la différence de ces différences.

D'autres indicateurs, pour être moins importants au point de vue physiologique, ont une grande valeur psychologique. J'appelle *indicateur de contraste* le rapport du nombre des angles, des rythmes ou des non-rythmes situés successivement à droite du dernier trait prolongé au nombre des angles, des rythmes ou des non-rythmes situés successivement à gauche de ce dernier trait. Il est évident que des angles situés exclusivement à droite ou à gauche du dernier trait prolongé, déterminent un contour fermé ou une spirale de rayon décroissant ; en tendant vers l'unité, la fraction tend à exprimer le maximum de contraste. J'appelle *indicateur d'acuité* pour les angles, la moyenne arithmétique des nombres exprimant les dénominateurs des fractions de circonférence et pour les droites l'inverse de la moyenne arithmétique des nombres. J'appelle *indicateur de diversité* le rapport du nombre des nombres différents au total des nombres ; en tendant vers l'unité, la fraction tend à exprimer le maximum de diversité. J'appelle *indicateur de variété* le rapport de la somme des nombres des groupes de 1, 2, 3,... n chiffres identiques au nombre total des chiffres : c'est une fraction qui en tendant vers l'unité tend à exprimer le maximum de variété. Soit, par exemple, la suite 2, 4, 4, 3, 1, 3, 3, il y a sur 7 nombres 5 groupes de chiffres identiques, dont 2 de 2 chiffres ; l'indicateur de variété est $\frac{5}{7} = 0,714$. Dans l'étude d'un contour on ne doit pas considérer comme un groupe de chiffres identiques la répétition d'un nombre qui dans un cas marque le rythme et dans l'autre la mesure. J'appelle *indicateur de complication*, le rapport de la quantité des nombres fractionnaires à la quantité totale des nombres ; elle est du 1er, 2e, 3e..., ordre, suivant que ces nombres fractionnaires présentent des dixièmes, centièmes, millièmes, etc. ;

en tendant vers l'unité, la fraction tend à exprimer le maximum de complication.

On comprend que dans le calcul de ces quatre derniers indicateurs on ne doit faire entrer en compte que les angles et les droites, non les sommes partielles et les différences finales.

Les conditions de rythme et de logique satisfaites, il faut, pour qu'une forme et une polychromie présentent le maximum d'intérêt esthétique, qu'elles aient des indicateurs de contraste, d'acuité, de diversité et de variété le plus grands possible et un indicateur de complication le plus petit possible.

III

Voyons maintenant comment on pourrait appliquer le Rapporteur et le Triple décimètre esthétiques, à l'étude des trois principaux types de fabrication d'amphores dans l'antiquité, celles de Cnide, de Thasos et de Rhodes. Je ne prétends ni pousser à bout l'étude morphologique, ni résoudre un problème archéologique, car les mesures dont je dispose ne peuvent être considérées comme vraies pour les objets. Les chiffres qu'a bien voulu prendre, à ma prière, M. Signac, s'appliquent à des figures qui sont un agrandissement photographique, donc un peu déformé, de trois croquis publiés par Albert Dumont[1], que j'ai rendus symétriques et sur l'exactitude desquels je ne suis pas fixé : ces figures sont même un peu différentes des clichés reproduits ci-contre. Mais peu importe à mon objet, qui est de montrer comment les problèmes de cet ordre pourraient être abordés. L'étude pourra être reprise sur les très rares exemplaires intacts de ces amphores, que possèdent les musées, et on pourra rapporter ainsi à des types précis les exemplaires qui seront découverts à l'avenir : problème dont la solution est d'un grand intérêt pour l'histoire des relations commerciales

1. *Archives des Missions scientifiques et littéraires*, 2e série, tome VI, 1871. *Inscriptions céramiques de Grèce*, p. 13, 14 et 15.

dans l'antiquité et pour toutes les questions ethnographiques que soulève l'histoire de ces lieux. Cnide, ville de Carie, en Asie Mineure, à l'extrémité est de la longue péninsule qui borne au sud la baie appelée Céramique, expédiait les produits de Cos, de Lesbos, de Myndos et d'Halicarnasse. Rhodes, capitale de l'île, située à neuf ou dix milles au sud de la côte de Carie, exportait son vin et son huile. Thasos, capitale d'une île au nord de la mer Egée, toute proche des côtes de Thrace, échangeait contre des cargaisons de blé, des amphores pleines de vin blanc. Athénée cite les produits de Cnide comme célèbres dans tout le monde ancien ; c'est en effet le type cnidien qui est le plus élégant des trois : vient ensuite le rhodien ; enfin celui de Thasos. « Les anses de Rhodes, dit Albert Dumont, sont très soignées », tandis que dans les amphores de Thasos « la forme des anses n'est pas soignée ; elles sont lourdes, épaisses et larges » [1]. Ces jugements sont remarquablement justifiés par les mesures de M. Signac, que je vais reproduire, en ayant soin de marquer d'une étoile les nombres non rythmiques et d'indiquer en italiques les totaux partiels reportés en tête des colonnes.

AMPHORE DE CNIDE

(Fig. 1.)

CONTOUR A.				CONTOUR A.			
Rythmes		Mesures		Rythmes		Mesures	
+	—	+	—	+	—	+	—
4		15		*174*	*64*	*33*	*16*
	4		11*	40		6	
	60		5	40		5	
80		6		60		5	
60		4		30		10	
30		8		60		6	
174	64	33	16	404	64	65	16

1. *Inscriptions céramiques*, p. 78.

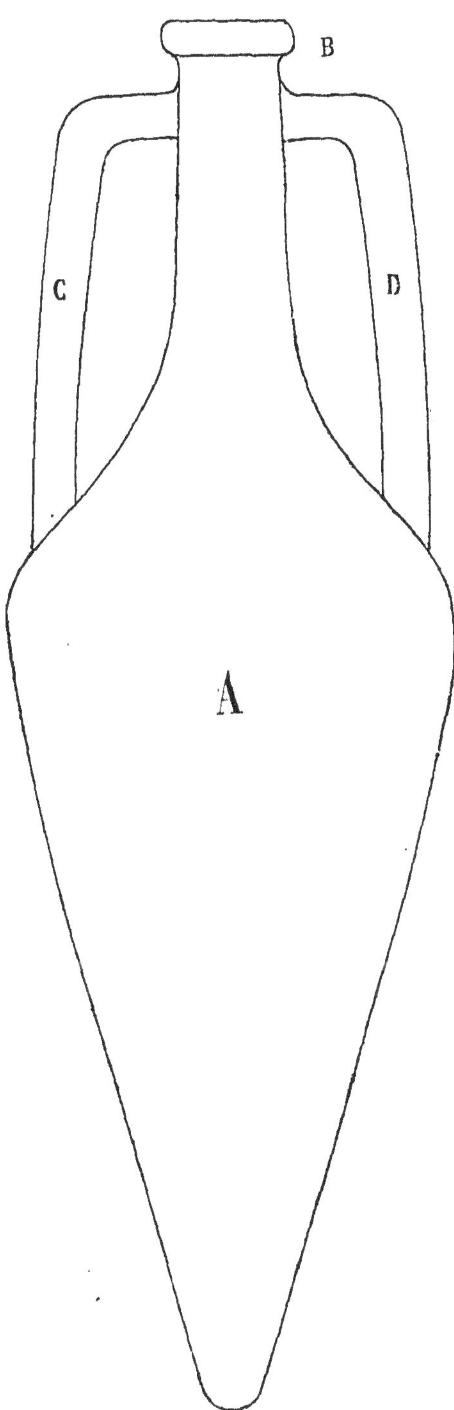

Fig. 1. — AMPHORE DE CNIDE.

Contour A.

Rythmes		Mesures	
+	—	+	—
104	*64*	*65*	*16*
	60		3
	40		3
	31*		3
	30		3
	20		17
	60		64
	40		2
	40		2
	25*		1
	25*		2
	40		2
	40		64
	60		17
	20		3
	30		3
	31*		3
	40		3
	60		6
60		10	
30		5	
60		5	
40		6	
40		8	
30		4	
60		6	
80		5	
	60		11*
804*	816	114*	228*
(—12)		(—114)*	

+ 102.

Contour B.

Rythmes		Mesures	
+	—	+	—
15		17	
	15		2
	6		3
	12		2
	8		15
	8		2
	12		3
	6		2
15	67*	17	29*
(—52)*		(—12)	

— 40.

Contour C.

Rythmes		Mesures	
+	—	+	—
3		2	
8,5		10	
	12		3
	15		3
	10		55*
	2,5*		3
60		6	
	9*		45*
12		2	
12		2	
15		6	
	4		7*
110,5*	52,5*	28*	116*
58*		(—88)*	

+ 146

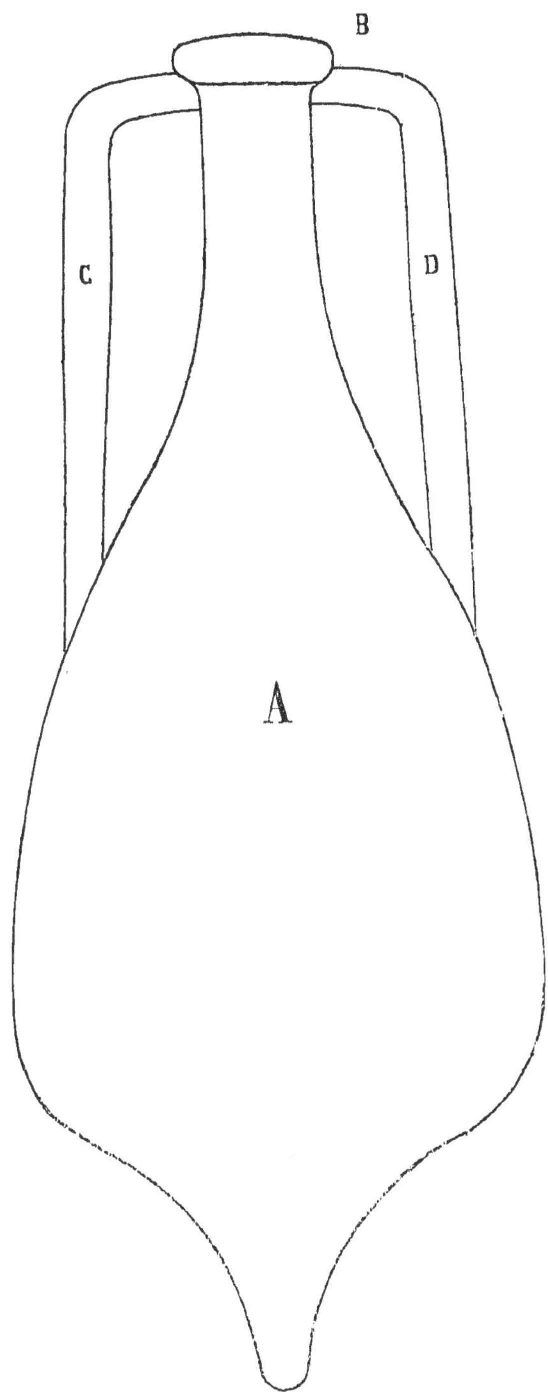

Fig. 2. — AMPHORE DE RHODES.

Contour D.

Rythmes +	Rythmes −	Mesures +	Mesures −
12		10	
8,5		2	
	3		7*
	4		6
15		2	
12		2	
12		45*	
	9*		6
60		3	
	2,5*		55*
	10		3
	15		3
119,5*	43,5*	64	80
76*		(−16)	
+92*			

Contour A . . . . . = + 102
Contour B . . . . . = − 40
Contour C . . . . . = + 146*
Contour D . . . . . = + 92*

Somme. . . . . . = 300*

AMPHORE DE RHODES

(Fig. 2.)

Contour A.

Rythmes +	Rythmes −	Mesures +	Mesures −
120		10	
	120		5
120	120	10	5

Contour A.

Rythmes +	Rythmes −	Mesures +	Mesures −
120	*120*	*10*	*5*
	4		8
60		10	
60		15	
40		5	
60		15	
60		12	
	60		12
	40		6
	40		16
	40		17
	60		10
	30		7*
	30		6
	35*		6
	40		4
50*		6	
40		6	
30		8	
40		6	
60		10	
	30		2
	8		1
	8		2
	30		10
60		6	
40		8	
30		6	
40		6	
50		4	
	40		6
	35*		6
840	634	133	124

Contour A.

Rythmes		Mesures	
+	—	+	—
840	*634*	*133*	*124*
	30		7*
	30		10
	60		17
	40		16
	40		6
	40		12
	60		12
60		15	
60		5	
40		15	
60		10	
60		8	
	4		5
1120*	954*	186*	209*
166*		—23*	
	+ 189*		

Contour B.

Rythmes		Mesures	
+	—	+	—
120		12	
	120		3
	12		3
	10		2
	10		2
	12		3
	10		5
120		10	
240	174	22	18

Contour B.

Rythmes		Mesures	
+	—	+	—
240	*174*	*22*	*18*
120		5	
	10		3
	12		2
	10		2
	10		3
	12		3
360*	228*	27*	31*
132*		(—4)	
	+ 136		

Contour C.

Rythmes		Mesures	
+	—	+	—
8		12	
	12		3
	15		2
	15		4
	30		68
	2,3*		12
60		2	
	15		57*
12,3*		2	
12		2	
15		10	
	4		3
	8		3
107,3*	101,3*	28*	152*
6		—124	
	+ 130*		

Contour D.

Rythmes +	Rythmes −	Mesures +	Mesures −
12		12	
	8		3
			3
	8		10
15		2	
12		2	
12,3*		57*	
	15		2
60		12	
	2,3*		68
	30		4
	15		2
	15		3
111,3*	97,3*	85	95*

14* (−10)

+ 24

Contour A. . . . . = 189*
Contour B. . . . . = 136
Contour C. . . . . = 130*
Contour D. . . . . = 24

Somme . . . . = 479*

AMPHORE DE THASOS
(Fig. 3.)

Contour A.

Rythmes +	Rythmes −	Mesures +	Mesures −
80		8	
	80		10
	4,5*		6
50*		6	
60		6	
40		6	
40		8	
30		12	
50*		8	
60		6	
	40		6
	40		6
	30		6
	45*		6
	40		15
	60		12
	60		80
	5,5*		4
	5,5*		80
	60		12
	60		15
	40		6
	45*		6
	30		6
	40		6
	40		6
60		8	
50*		12	
30		8	
40		6	
590	725,5	94	288

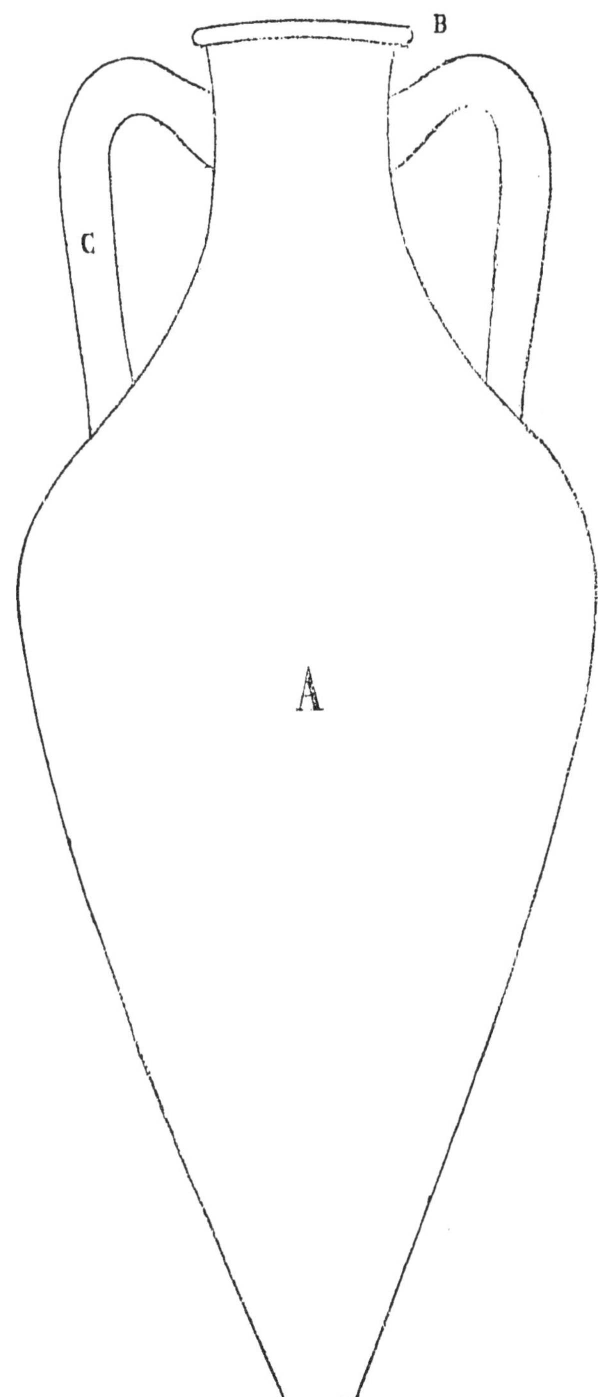

Fig. 3. — AMPHORE DE THASOS.

Contour A.

Rythmes +	Rythmes −	Mesures +	Mesures −
590	*725,5*	*94*	*288*
40		6	
60		6	
50*		6	
	4,5*		10
740*	730*	112*	298*
10		(—186*)	
+196*			

Contour B.

Rythmes +	Rythmes −	Mesures +	Mesures −
70*		10	
	70*		12
	12		1
	15		1
	12		1
	8		10
80		8	
80		10	
	8		1
	12		1
	15		1
	12		12
230*	164*	28*	40
66*		(—12)	
78*			

Contour C.

Rythmes +	Rythmes −	Mesures +	Mesures −
15		4	
	12		4
	20		4
	30		6
	40		30
60		3	
	3		2
	40		6
	8		30
12		2	
12		2	
12		2	
8		2	
30		10	
	3		6
	20		6
	8		4
80		8	
229*	184*	33*	98*
45*		(—65)*	
110*			

Contour D.

Rythmes +	Rythmes −	Mesures +	Mesures −
12		4	
	15		8
80		4	
	8		6
92	23	8	14

Contour D.			
Rythmes		Mesures	
+	—	+	—
92	*23*	*8*	*14*
	20		6
	3		10
30		2	
8		2	
12		2	
12		2	
12		30	
	8		6
	40		2
	3		3
60		30	
226	97	76	41

Contour D.			
Rythmes		Mesures	
+	—	+	—
226	*97*	*76*	*41*
	40		6
	30		4
	20		4
226*	187*	76*	55*
39*		21*	
18*			

Contour A	196*
Contour B	78*
Contour C	110*
Contour D	18*
Somme	=402*

On voit que dans les amphores de Cnide et de Rhodes, deux des contours présentent une différence finale rythmique : ce qui n'a pas lieu dans l'amphore de Thasos.

Les nombres qui précèdent permettent de calculer les différents coefficients que j'ai définis. Les voici pour les quatre contours de l'amphore de Cnide.

Contour A.

Caractéristique rythmique : 102. Indicateur de dynamogénie : 0,87. Indicateur d'inhibition : 0,12. Indicateurs de contraste : Contour : 0,809. Rythmes : 0,94. Non-rythmes : 0,6.

Indicateurs d'acuité, de diversité et de variété : Contour : 10, 3 ; 0,25 ; 0,763. Angles : 42,6 ; 0,21 ; 0,78. Droites : 9 ; 0,31 ; 0,73. Angles à droite : 47; 0,29 ; 0,82. Angles à gauche : 38,8 ; 0,28; 0,761. Droites à droite : 6,7; 0,35; 0,88. Droites à gauche : 10,8 ; 0,38 ; 0,61. Angles rythmiques : 44; 0,17 ; 0,79. Angles non rythmiques : 28; 0,5; 0,75. Droites rythmiques : 8,8, 0,305;

0,72. Droites non rythmiques : 11 ; 0,5 ; 1. Angles rythmiques à droite : 47 ; 0,29 ; 0,82. Angles non rythmiques à droite : 0. Angles rythmiques à gauche : 41 ; 0,23 ; 0,61. Angles non rythmiques à gauche : 28 ; 0,5 ; 0,75. Droites rythmiques à droite : 6,7 ; 0,35 ; 0,88. Droites non rythmiques à droite : 0. Droites rythmiques à gauche : 10,8 ; 0,36 ; 0,57. Droites non rythmiques à gauche : 11 ; 0,5 ; 1.

Contour B.

Caractéristique rythmique : 40. Indicateur de dynamogénie : 0,86. Indicateur d'inhibition : 0,13. Indicateurs de contraste : Contour : 0,142. Rythmes : 0,142. Non-rythmes : 0.

Indicateurs d'acuité, de diversité et de variété : Contour : 8 ; 0,43 ; 0,87. Angles : 10,2 ; 0,5 ; 0,75. Droites : 5,7 ; 0,5 ; 1. Angles à droite : 15 ; 1 ; 1. Angles à gauche : 9,5 ; 0,57 ; 0,85. Droites à droite : 17 ; 1 ; 1. Droites à gauche : 4,14 ; 0,428 ; 1. Angles rythmiques : 10,2 ; 0,5 ; 0,75. Angles non rythmiques : 0. Droites rythmiques : 5,7 ; 0,5 ; 1. Droites non rythmiques : 0. Angles rythmiques à droite : 15 ; 1 ; 1. Angles non rythmiques à droite : 0. Angles rythmiques à gauche : 9,5 ; 0,57 ; 0,85. Angles non rythmiques à gauche : 0. Droites rythmiques à droite : 17 ; 1 ; 1. Droites non rythmiques à droite : 0. Droites rythmiques à gauche : 4,14 ; 0,57 ; 0,85. Droites non rythmiques à gauche : 0.

Contour C.

Caractéristique non rythmique : 146. Indicateur de l'écart : 12. Indicateur de dynamogénie : 0,61. Indicateur d'inhibition : 0,38. Indicateurs de contraste : Contour, 1 ; Rythmes 1,71 ; Non rythmes, $\frac{0}{5}$.

Indicateurs d'acuité, de diversité, de variété : Contour : 12,7 ; 0,58 ; 0,87. Angles : 13,5 ; 0,75 ; 0,91. Droites : 12 ; 0,58 ; 0,83. Angles à droite : 18,4 ; 0,83 ; 0,83. Angles à gauche : 8,7 ; 1 ; 1. Droites à droite : 4,6 ; 0,5 ; 0,83. Droites à gauche : 19 ; 0,66 ; 0,83. Angles rythmiques : 15,25 ; 0,7 ; 0,9. Angles non rythmiques : 5,75 ; 1 ; 1. Droites rythmiques : 4,1 ; 0,44 ; 0,77. Droites non rythmiques : 35,6; 1; 1. Angles rythmiques à droite : 18,4; 0,83 ; 0,83. Angles non rythmiques à droite : 0. Angles rythmiques à gauche : 10,2; 1 ; 1. Angles non rythmiques à gauche : 5,75 ; 1 ; 1. Droites rythmiques à droite : 4,6; 0,5; 0,83. Droites non rythmiques à droite : 0. Droites rythmiques à gauche : 3 ; 0,33 ; 0,66. Droites non rythmiques à gauche : 35,6 ; 1 ; 1.

CONTOUR D.

Caractéristique non rythmique : 92. Indicateur de l'écart : 5,5. Indicateur de dynamogénie : 0,70. Indicateur d'inhibition : 0,29. Indicateurs de contraste : Contour : 1. Rythmes 1,37. Non-rythmes : 0,25.

Indicateurs d'acuité, de diversité, de variété : Contour : 25,5 ; 0,58 ; 0,87. Angles : 13,5; 0,75 ; 0,91. Droites : 12 ; 0,58; 0,83. Angles à droite : 19,9 ; 0,66 ; 0,83. Angles à gauche : 7,25; 1 ; 1. Droites à droite : 10,6 ; 0,66 ; 0,66. Droites à gauche : 13,3 ; 0,66 ; 0,66. Angles rythmiques : 15,15; 0,7 ; 0,9. Angles non rythmiques : 5,75 ; 1 ; 1. Droites rythmiques : 4,11 ; 0,44; 0,77. Droites non rythmiques : 35,6.; 1 ; 1. Angles rythmiques à droite : 19,9 ; 0,66 ; 0,83. Angles non rythmiques à droite : 0. Angles rythmiques à gauche : 8 ; 1 ; 1. Angles non rythmiques à gauche : 5,75 ; 1 ; 1. Droites rythmiques à droite : 3,8 ; 0,6 ; 0,6. Droites non rythmiques à droite : 45 ; 1 ; 1. Droites rythmiques à gauche : 4,5; 0,5; 0,5. Droites non rythmiques à gauche : 31 ; 1 ; 1.

Le lecteur remarquera les ressemblances qu'offrent à ces points de vue deux contours apparemment sans rapport comme A et B et les différences qu'introduit dans les calculs la situation à droite ou à gauche de C et de D. Pour caractériser l'amphore complète, il suffit de sommer algébriquement les différents contours et de prendre la moyenne arithmétique des différents indicateurs. Je laisse au lecteur le soin de s'exercer sur les deux autres amphores à ce procédé d'enquête, laborieux, mais fécond, comme toutes les méthodes scientifiques.

Charles HENRY.

ANGERS, IMP. A. BURDIN ET Cie, 4, RUE GARNIER.

www.ingramcontent.com/pod-product-compliance
Ingram Content Group UK Ltd.
Pitfield, Milton Keynes, MK11 3LW, UK
UKHW051024210726
13857UKWH00007B/1742